Nouvelles Considérations

sur

L'EAU SULFHYDRIQUÉE

D'ALLEVARD

par le Docteur A. NIEPCE

MÉDECIN CONSULTANT A ALLEVARD

Membre correspondant :

De la Société de Médecine de Paris o o o o o o

De la Société d'Hydrologie Médicale de Paris o o

De la Société Nationale de Médecine de Lyon o o

De la Société des Sciences Médicales de Lyon o o

Lauréat de l'Académie de Médecine de Paris o o o

Médaille de Bronze 1897 — Médaille d'Argent 1900 — Médaille de Vermeil 1904

Membre titulaire de la Commission Météorologique du département de l'Isère ;

Directeur du Bureau d'Hygiène d'Allevard ;

Officier de l'Instruction Publique.

Établissement Thermal

D'ALLEVARD-LES-BAINS

(Isère)

Nouvelles Considérations

sur

L'EAU SULFHYDRIQUÉE

d'ALLEVARD

DESCRIPTION

ALLEVARD est situé à l'extrémité Est du département de l'Isère, sur les confins du département de la Savoie, dans une pittoresque vallée des Alpes du Dauphiné. Son altitude est de 465 mètres, ce qui lui constitue un climat de demi-montagne, exempt d'humidité et de vents. Cette vallée est en effet protégée par le massif de montagnes qu'on désigne sous le nom de massif d'Allevard, et dont les plus hauts sommets atteignent 3.000 mètres. Le sol est très fertile, la végétation des plus luxuriantes. Depuis longtemps, Allevard est connu comme centre d'excursions par les touristes, dont le nombre s'accroît chaque année.

De nouvelles routes font communiquer la vallée d'Allevard avec celle de la Maurienne et celle de l'Oisans. Le Club Alpin, la Société des Touristes du Dauphiné, ont créé des abris, des châlets de refuge et une hôtellerie aux Sept-Laux, à l'altitude de 2.3oo mètres. On trouve donc à Allevard la cure thermale, la cure d'air et la cure de terrain.

Le sol est constitué par un terrain d'alluvions recouvrant les calcaires argileux noirs du lias ; il est très perméable, en pente douce, si bien que les eaux de surface comme les eaux souterraines, s'écoulent très facilement et convergent vers le torrent du Bréda.

L'eau d'alimentation est captée en amont d'Allevard dans le torrent du Veyton qui descend d'une vallée profonde où il n'y a ni habitation humaine, ni

terrain de culture susceptibles de polluer l'eau. Celle-ci est d'une grande fraîcheur, d'une pureté parfaite et est largement distribuée à tous les étages des maisons. Ce luxe d'eau permet d'assurer complètement l'hygiène et la salubrité des rues et des maisons. Le tout à l'égoût se fait tout naturellement, par le déversement des eaux usées ou d'arrosage dans le torrent du Bréda en aval de la station.

SPLENDID HOTEL

Depuis plusieurs années, la clientèle d'élite qui fréquente Allevard réclamait la construction d'un hôtel de luxe.

La Compagnie Générale d'Eaux Minérales et de Bains de mer, propriétaire de l'Etablissement Thermal, n'a pas hésité à donner satisfaction aux baigneurs, et a édifié le « Splendid Hôtel ».

Cet hôtel qui se dresse dans la partie haute du Parc, jouit d'une situation exceptionnellement heureuse. A quelque étage qu'on se trouve, de quelque côté qu'on porte son regard, le panorama se déroule sous les yeux aussi grandiose, bien que sous les aspects les plus variés. L'agencement des services a été prévu de telle sorte qu'il répond aux exigences les plus raffinées du confort moderne.

Un ascenseur s'imposait dans une station comme Allevard, où la montée des étages est interdite à nombre de malades souffrant d'essoufflement.

Il était également indispensable de parer aux écarts brusques de température qui se manifestent parfois dans les stations de montagne, aux débuts et aux fins de saison. Le « Splendid Hôtel » a été pourvu d'une installation très perfectionnée de chauffage par la vapeur à basse pression.

Le Hall très spacieux, le salon et la salle à manger, doublés d'une vérandah, ont été luxueusement aménagés, et donnent accès à une terrasse en bordure du Parc, d'où l'on découvre les superbes montagnes des Bauges.

Indépendamment de la lumière électrique très largement prévue, la plupart des chambres sont pourvues de cabinets de toilette.

L'eau chaude et l'eau froide sont largement dispensées sur tous les lavabos et dans les salles de bains. L'installation des chambres a été inspirée par le souci constant d'allier l'hygiène la plus stricte au maximum de confort et d'élégance. A quelque pas de l'Hôtel, un garage à automobiles avec fosse et logements pour les chauffeurs permettra aux touristes, qui viennent de plus en plus nombreux excursionner dans ce site prestigieux du Dauphiné, de remiser leurs voitures.

HOTELS ET VILLAS

Tout à l'entour du Parc se dressent les hôtels déjà bien connus des étrangers fréquentant la station : ces sont les Hôtels des Bains, du Parc, des Plantas, du Louvre, du Dauphiné, l'Hôtel Continental et du Châlet, l'Hôtel Bellevue, puis au centre de la ville, l'Hôtel de France et des Alpes, l'Hôtel du Commerce, l'Hôtel Véry, l'Hôtel Pecking, etc., etc.

Il existe de nombreuses villas : parmi elles, citons le Château du Chaboud, le Châlet du David, les villas Sainte-Marie, la Fauvette, des Tilleuls, du Midi, des Rameaux, des Acacias, des Hortensias, des Roses, des Hirondelles, Saint-Louis, de la Marquerave, des Points-de-Vue, la Villa Moderne, etc., etc.

Enfin, depuis cette année, plusieurs villas nouvelles ont été édifiées à proximité de l'Etablissement, qui sont très certainement appelées à rencontrer la faveur du public. Leur construction, comme celle du

« Splendid Hôtel », marque un nouveau progrès réalisé dans la voie de transformation où s'est engagée l'importante station d'Allevard.

Le Casino actuel va disparaître pour faire place à un nouvel édifice vaste et confortable, réunissant toutes les attractions : salles de théâtre et d'auditions musicales, salons de lecture, de conversation et de correspondance. salles de baccara et de petits chevaux. La Société fermière y annexera un lawn-tennis, des sports et des distractions de tout genre.

Des représentations théâtrales auront lieu tous les soirs, et un bon orchestre se fait déjà entendre, trois fois par jour, dans le Parc.

Telles sont les grandes innovations qui vont avoir lieu cette année. dès l'ouverture de la saison des eaux, et qui feront d'Allevard une station hors de pair.

CLIMAT

Le Climat est très salubre ; en voici les éléments principaux pour la saison d'été :

Pression barométrique	722 m 04
Température (moyenne)	18°08
Humidité (moyenne)	63°70
Jours de pluie (moyenne)	28

C'est un climat de demi-montagne, exempt de variations brusques. La cure en Juin et en Septembre est de beaucoup la plus agréable. en raison de l'encombrement qui a lieu en Juillet et en Août. Les maladies épidémiques, la fièvre typhoïde, la dyphtérie ne se voient que très rarement. et la constitution médicale est bonne pendant l'été. Allevard jouit d'une arrière-saison des plus agréables, et il est fâcheux qu'un plus grand nombre de malades ne fréquentent pas ces eaux pendant le mois de Septembre.

A cette époque, notre Climat est certainement plus doux, plus régulier que celui des stations thermales plus élevées.

Les vents y sont à peu près inconnus ; l'atmosphère est remarquable par sa tranquillité : seule, dans les périodes de beau temps, après les grands jours de chaleur, descend de la haute montagne, vers les huit heures du soir, une brise analogue à la brise de mer. Elle résulte de la différence de température entre les sommets et la vallée, et vient combler le vide relatif produit par la chaleur de la journée.

La saison des eaux commence le 1er Juin et se termine le 30 Septembre.

HYGIÈNE

Allevard possède un Bureau d'Hygiène, conformément à la nouvelle loi. Il assurera la salubrité des rues, cours d'eaux, fosses d'aisances, aussi bien que la salubrité des écoles, maisons, appartements et chambres de malades.

L'Etablissement thermal est pourvu d'un service de désinfection complet. On a installé une étuve à vapeur fixe, modèle Vaillard et Besson, pour stériliser les objets de literie, linges, vêtements, etc.

En outre, la désinfection à domicile est assurée par un autoclave portatif au formochlorol, système Trillat. De nombreux crachoirs à eau courante sont disposés dans toutes les parties de l'Etablissement.

Lès murs des salles sont peints au ripolin, et les soubassements revêtus de carreaux de faïence. Les planchers sont carrelés ou en mosaïque.

VOIES D'ACCÈS

Allevard est relié au réseau de la Compagnie P.-L.-M. par un tramway à vapeur qui suit la gorge pittoresque du Bréda, et aboutit à la gare de Pontcharra sur Bréda. On donne les billets et on enregistre les bagages d'Allevard pour toutes les gares du réseau, et réciproquement: Le trajet en tramway est de 5o minutes.

Allevard est un centre d'excursions nombreuses et pittoresques. Il faudrait citer tous les villages et les chemins des environs. Pas un qui ne soit charmant, aucun qui soit banal. Chacun a sa beauté propre, mélancolique, douce ou austère, toujours pénétrante. Citons la promenade du Bout du Monde, la Tour du Treuil, la route du Moutaret, la Bâtie, les bords du Bréda, la Pierre de l'Artiste. Les excursions aux Grottes de la Jeannotte, à Saint-Pierre, la Taillat, la Chevrette, Pinsot, la Ferrière, le Curtillard, Saint-Hugon, la Rochette, les Tours de Montmayeur, sont des plus faciles à pied ou en voiture.

Enfin, citons les ascensions principales, Brame-Farine avec sa légendaire descente en traineaux, décrite par Alphonse Daudet dans *Numa Roumestan*, le Crêt du Poulet, le Collet, le Grand Charnier, les Sept-Laux, le Pic de la Pyramide, le Puy-Gris (2.93 1 mètres).

On crée de nouvelles routes, et on livrera à la circulation prochainement une route carrossable pour monter à Brame-Farine, se développant en lacets par la Tour du Treuil, les Glapigneux, Bagin, et qui permettra aux voitures ou automobiles l'ascension de cette belle montagne située à 1.200 mètres et d'où l'on jouit d'un panorama des plus merveilleux sur toute la vallée du Grésivaudan depuis Grenoble jusqu'à Chambéry, le lac du Bourget et le massif de la Grande Chartreuse.

Buste du Docteur NIEPCE
CRÉATEUR DES SALLES D'INHALATION
ÉRIGÉ SUR LA FAÇADE DE L'ÉTABLISSEMENT THERMAL

ÉTABLISSEMENT

THERMAL

ÉTABLISSEMENT thermal est situé dans le parc dont l'accès principal se trouve au sommet de la rue des Bains. Il se compose de deux bâtiments parallèles renfermant toutes les salles et cabines destinées au traitement. Ces deux corps de bâtiments sont séparés par une grande galerie vitrée qui a 103 mètres de longueur, et qui donne accès à tous les services.

Au centre de la galerie, se trouve le bureau de distribution des abonnements et billets. La buvette reçoit l'eau directement de la source par le moyen d'une conduite en fonte vitrifiée qui alimente aussi les salles d'inhalations. Celles-ci sont de deux sortes : les inhalations froides et les inhalations chaudes. Les inhalations froides sont au nombre de sept, dont deux de première classe ; elles ont, en moyenne, sept mètres de hauteur, et deux cent mètres cubes de volume. Les inhalations chaudes sont disposées en gradins, et précédées de vestiaires individuels et de salons de transition ; elles sont au nombre de quatre : deux pour les hommes et deux pour les dames.

Il y a deux salles de pulvérisation, larges, spacieuses, bien aérées, et deux salles de douches de gorge : une pour les hommes, une pour les dames. Chaque salle possède vingt appareils nickelés, perfectionnés, reposant sur des tablettes de marbre. Ils réduisent l'eau sulfureuse à l'état de poussière sans qu'il y ait perte de gaz.

Les douches de gorge à jet consistent en appareils articulés, nickelés, donnant un jet horizontal pour la douche du pharynx ou un jet oblique pour la douche des fosses nasales ; on y adapte pour cet usage un tube en caoutchouc terminé par une olive qui coiffe chacune des narines.

Les salles de douches sont au nombre de quatre pour les hommes et de quatre pour les femmes ; les parois sont en faïence émaillée et les planchers à claire-voie. De nouveaux appareils très perfectionnés viennent d'y être installés. Ils permettent de régler la pression et la température au moment de la douche, et presque instantanément.

Deux cabinets de bains de vapeur ou d'air chaud, système Berthe, sont réservés aux malades qui ont besoin de la médication révulsive. Ils possèdent chacun un lit de massage et une petite salle de douche où le malade pénètre après le massage.

Une série de salles de bains complète l'installation balnéaire, ainsi que des cabinets pour bains de pieds et bains de jambes, à titre révulsif.

Les parois de toutes les salles sont en faïence émaillée, les parquets en carrelages mosaïques ; tout est lavé largement tous les soirs à grande eau ; la propreté la plus minutieuse et l'hygiène la plus stricte règnent dans tout l'établissement. Un grand hall, aux vastes proportions, sert de salon de correspondance, et de salle de réception pour fêtes, réunions, etc.

L'Etablissement thermal a une annexe importante à la source même, sur le bord du torrent. C'est un bâtiment composé de deux salles, l'une pour la buvette, l'autre pour les gargarismes. Il y a donc deux buvettes à Allevard, mais une seule source. Ces deux buvettes diffèrent dans leur emploi. Celle de la source donne l'eau avec toutes ses qualités natives, ses gaz, en un mot une eau vivante.

L'eau prise en boisson à la buvette de l'Etablissement est moins gazeuze, par suite de sa circulation dans les tuyaux depuis la source. Ces deux buvettes nous donnent le moyen de graduer l'usage de la boisson.

COMPOSITION DE L'EAU

L'analyse la plus récente a été faite par M. Willm, professeur de Chimie à la Faculté des Sciences de Lille, en 1889.

Il résulte de l'ensemble des chiffres du tableau que nous publions d'autre part, que l'eau d'Allevard est très riche en éléments minéraux et en gaz acide sulfhydrique, au point que M. le professeur Landouzy a pu dire que l'eau d'Allevard, grâce à son hydrogène sulfuré, *détient le record parmi les eaux sulfureuses du monde.* Celui-ci est à la dose de 24 cent.-cube 9 par litre ; c'est la caractéristique de notre eau, et c'est sa présence qui a donné lieu à la méthode des inhalations due à l'initiative féconde du docteur Niepce père, alors inspecteur des eaux.

Les autres gaz, acide carbonique et azote, en partie à l'état libre également, aident à l'action de l'hydrogène sulfuré en la tempérant.

Les matières fixes atteignent le taux de 1 ^{gr} 7925, sur lequel 0 ^{gr} 9579 appartiennent aux sels de soude (chlorure, sulfate, bromure, arséniate). Le chlorure de sodium y entre à lui seul pour 0 ^{gr} 5454, c'est-à-dire plus de la moitié. Ces sels de soude sont éminemment propres à favoriser la nutrition, et fournissent une indication précise à l'emploi de nos eaux.

Les sels de chaux: arbonate, sulfate de calcium (o ^{Fr} 5208. s'élèvent à la moitié des sels de soude et ont aussi leur action sur les tissus.

action reconstituante et répara-trice.

Outre ces principes, M. Willm confirme la présence des sels de lithium, déjà révélée par Kastus, et y décèle, en outre. de l'iode, dont Dupasquier avait signalé les traces, de la silice et de l'arsenic.

L'eau d'Allevard est sulfhy-driquée, froide (16°), gazeuze.

La première place dans l'action physiologique, aussi bien que dans les effets médicinaux de l'eau d'Allevard, appartient sans conteste à l'acide sulfhydrique, quel que soit le moyen d'action interne que l'on utilise ; mais

pour expliquer la
ble de l'organis-
absorbé soit en
halation, aux hau-
à nos thermes, il
faire intervenir
compagnent :
l'azote. Ce der-
tion sédative. ma-
respiratoire, qui
te à l'action anes-
carbonique, l'ab-
nifestation exci-
l'hydrogène sul-
Quand l'eau
de l'action géné-
...que, vient
rallèle de l'iode à

tolérance remarqua-
me pour ce corps
boisson, soit en in-
tes doses où il existe
est nécessaire de
les deux gaz qui l'ac-
l'acide carbonique et
nier possède une ac-
nifeste sur l'appareil
peut expliquer. joint-
thésique de l'acide
sence de toute ma-
tante du fait de
furé.
est ingérée, à côté
rale de l'acide sulf-
s'ajouter l'action pa-
l'état d'iodure. Ces

deux corps, chacun dans sa sphère d'action, pénètrent, ce qui est le propre des altérants, à la base de l'organisme, et atteignent dans l'économie les parties les plus intimes et les plus élémentaires.

La constatation de la présence des sels de lithium explique, surtout en l'absence des sels de potasse, l'action diurétique de l'eau. Enfin, l'action reconstituante de l'eau d'Allevard, qui se traduit par un sentiment de bien-être intime, une plus grande facilité pour le travail et pour la marche, un léger degré de constipation, en un mot par un remontement général, suivant l'expression de Bordeu, doit être mise sur le compte des nombreux principes corroborants et toniques que l'eau renferme : Chlorure de sodium, faible quantité de sulfates neutres, carbonate de chaux, arsenic, que l'analyse à démontrés.

COMPOSITION DES EAUX

Température, 16° 9. — Pression atmosphérique, 718 $\frac{m}{m}$.

Composition élémentaire par litre

Acide carbonique total.	0ᵍʳ3411
Hydrogène sulfure	0 0376 (24ᶜᶜ7)
Acide carbonique des carbonates neutres (CSO³O)	0 1893
Acide sulfurique (SO³SO)	0 6478
Acide hyposulfureux (S³O²O)	0 0011
Chlore.	0 3297
Brome.	0 0009
Sodium	0 3482
Potassium	0 0097
Lithium	0 0001
Calcium	0 1844
Strontium	0 0011
Magnesium.	0 0543
Oxyde ferrique	0 0011
Silice	0 0228
Acide borique, iode	traces faibles
Acide phosphorique.	traces
Matières organiques.	traces
Arsenic	0 00005
Matières fixes dosees.	1 79055
Poids du residu.	1 7904
Alcalinite observee (SO⁴H²).	0 3136
Alcalinité d'apres les carbonates	0 3114
Résidu converti en sulfates	2 0236
Residu sulfate d'apiès le groupement.	-2 0208

Groupement hypothétique des éléments

Acide carbonique des bicarbonates (CO²)	0ᵍʳ2776
Acide carbonique libre	0 0685
Hydrogène sulfure	0 0376 (24ᶜᶜ7)
Carbonate de calcium	0 2944
— de strontium	0 0019
— de magnesium	0 0189
— ferreux	0 0016
Hyposulfite de sodium	0 0015
Chlorure de sodium.	0 5434
Bromure de sodium.	0 0011
Sulfate de sodium.	0 4138
— de potassium	0 0218
— de lithium.	0 0008
— de calcium	0 2264
— de magnesium.	0 2445
Arseniate de sodium.	0 0001
Silice	0 0228
Phosphates, boiates, iodures	traces
Total des matieres fixes.	1ᵍʳ7925

Bicarbonates correspondant aux carbonates neutres

Bicarbonates de calcium.	0ᵍʳ4239
— de strontium	0 0025
— de magnésium	0 0288
— ferreux.	0 0022

MÉDICATION

THERMALE

ous passerons rapidement sur la médication par la boisson, les gargarismes, les douches, bains, etc.

La boisson se prend soit à la source même, soit à l'Établissement, où l'eau est amenée par une conduite spéciale. Le verre en usage est d'une contenance de 200 grammes. Les doses prescrites varient selon les malades, leur âge, etc. On débute par un quart de verre, renouvelé deux fois par jour, et on ne dépasse pas la dose de trois verres par jour, qu'on atteint graduellement. A ces doses, il ne survient jamais de phénomènes d'intolérance.

L'inhalation constitue le mode le plus important de la médication d'Allevard : c'est la médication spéciale, pour ainsi dire.

En effet, un litre d'eau renferme :

Gaz hydrogène sulfuré libre	24 cc. 75
Gaz acide carbonique	97 — »
Azote	41 — »

Nos eaux sont des eaux sulfhydriquées, tandis qu'ailleurs elles sont sulfurées par un sulfure alcalin et ne sauraient être employées sous forme d'inhalation. La pulvérisation seule peut être utilisée dans ce cas.

Voici le tableau comparatif de la richesse en acide sulfhydrique, calculée en milligrammes, des principales eaux sulfureuses de France :

Allevard	38 mg	14
Luchon	19 —	67
Enghien	18 -	80
Labassère	15 —	96
Barèges	13 —	87
Uriage	7 —	32
Cauterets	6 —	24
Eaux-Bonnes	5 —	55
Aix-les-Bains	5 —	32
Amélie-les-Bains	4 —	1
Saint-Honoré	1 —	36

On peut voir combien Allevard est riche sous ce rapport et l'emporte sur d'autres eaux, contrairement à l'opinion de quelques-uns de nos confrères.

Nous avons, de plus, montré que la nature et la quantité de l'hydrogène sulfuré permettaient et rendaient facile l'inhalation gazeuse à nos thermes, tandis que la faible proportion qu'en renferment les autres sources rend impossible, ailleurs, l'emploi de ce puissant moyen thérapeutique.

L'inhalation gazeuze est constituée uniquement par le mélange de l'air atmosphérique et des gaz hydrogène sulfuré, acide carbonique et azote qui se dégagent de l'eau à sa température originelle de 16 degrés ; l'hydrogène sulfuré s'y dégage presque en totalité ; en effet, l'eau qui contenait à son arrivée 22 cc. 08 d'hydrogène sulfuré n'en révèle plus que 0 cc. 08 au sulfhydromètre à sa sortie.

L'atmosphère des salles est donc constituée par le mélange de l'air aux gaz hydrogène sulfuré, acide carbonique et azote, en proportions d'autant plus grandes que le séjour des malades y est plus prolongé, et que le fonctionnement de la salle est de plus longue durée. Le débit moyen de l'eau est de un litre 70 centilitres à la minute ; or, l'eau renfermant 24 cc. 7 d'hydrogène sulfuré, 97 cc. d'acide carbonique et 41 cc. d'azote, il s'écoule donc 41 cc. 990 d'hydrogène sulfuré par minute, qui sont absorbés par les bronches, sans compter l'acide carbonique ni l'azote. Il suffit, du reste, d'exposer à l'air des salles des papiers imbibés d'une solution d'acétate de plomb pour qu'ils noircissent en dix minutes.

Les règles les plus sévères sont observées pour l'hygiène des salles d'inhalation : elles sont ventilées largement toutes les demi-heures pendant quinze minutes. La respiration en commun dans ces salles ne saurait inspirer la moindre crainte de contagion. Il ne peut exister aucun doute à ce sujet. Les expériences de Tyndall ont démontré que l'air expiré était optiquement pur, c'est-à-dire que, traversé par un faisceau lumineux dans une chambre noire, il ne se manifeste pas de trainée lumineuse. Cet air est donc privé de toute particule en suspension capable de diffuser la lumière.

Strauss et Dubreuil ont vérifié par les méthodes bactériologiques le fait physique signalé par Tyndall. Grancher a fait un grand nombre d'expériences sur l'air expiré par des malades ; jamais il n'a pu y déceler la présence du bacille de Koch ou de ses spores.

De l'ensemble de ces faits on est en droit de conclure que l'air des salles d'inhalation ne renferme pas de bacilles et que le danger de la contagion n'y existe pas. Le danger, le véritable danger n'est pas là : il est dans les ateliers, les usines, les casernes, partout où des agglomérations humaines vivent en commun, dans un air plus ou moins confiné, crachant sur le sol sans souci des convenances, en dépit de l'hygiène, et respirant ces produits de l'expectoration désséchés, mêlés aux poussières soulevées par le balayage sans arrosage préalable. Le danger est dans le mouchoir qu'il faut impitoyablement proscrire et remplacer par le crachoir de poche, mais que de fâcheuses considérations de respect humain empêchent pour beaucoup d'adopter.

D'ailleurs, nous le répétons : des crachoirs contenant une solution e
sublimé sont placés dans toutes les salles de l'Etablissement, et les malad s
observent fidèlement la recommandation qu'on leur fait de s'en servir.

L'expérience a démontré que les séances d'inhalation doivent être courtes
et répétées au nombre de quatre à six par jour, et d'une durée de trois, cinq,
huit ou dix minutes, tandis que prolongées elles sont mal supportées. En
outre, il est de règle de n'entrer dans les salles que deux ou trois heures
après les repas, ou à jeûn. Chaque séance devra être séparée par un intervalle
d'une dizaine de minutes pendant lesquelles les malades iront respirer l'air
extérieur. Du reste, la durée des séances varie selon l'âge, le sexe, le degré
de la maladie, l'heure de la journée, la tolérance individuelle, sur laquelle on
est renseigné dès les premières inhalations. Celle-ci, en général, s'établit
promptement. Les séances, courtes au début, seront prolongées peu à peu,
sans jamais dépasser la durée de 20 minutes.

Nous ajouterons que les enfants sont doués d'une remarquable
tolérance à l'endroit des inhalations.

Quand on entre dans les salles, c'est le sens de l'odorat qui est le prem'er saisi. Quand on a respiré quelques instants dans le milieu saturé, une douce chaleur envahit la poitrine ; la respiration devient plus facile, plus profonde et plus lente. Nous tenons à faire ressortir l'amplitude et la profondeur du mouvement respiratoire que remarquent bien les malades à respiration courte comme les asthmatiques. La toux elle-même, surexcitée quelquefois à l'entrée, participe au bien-être général. Elle se calme, prête à se réveiller si la séance est trop prolon-

gée. En même temps que la respiration devient plus lente et plus ample, le cœur se fait aussi moins actif ; les battements diminuent et les pulsations se ralentissent. Telle est l'action de l'inhalation chez nos malades, lorsqu'ils y font des séances de moyenne durée, mais après quinze ou vingt minutes d'inhalation, selon la susceptibilité individuelle ou l'accoutumance que chacun a acquise, le malade éprouve de la sécheresse à la gorge, un peu de pesanteur de tête, qui indique que le moment est venu de quitter les salles.

Si les séances sont prolongées davantage encore, il survient une céphalalgie particulière avec serrement des tempes, s'accompagnant quelquefois de vertige.

Quelques instants passés à l'air suffisent pour dissiper les phénomènes physiologiques que nous venons de décrire.

Il faut observer toutefois que les malades ne doivent reprendre l'inhalation que dix à quinze minutes ensuite.

D'autres effets physiologiques se produisent après les premiers jours de traitement. Ils comprennent les modifications produites sur la muqueuse des bronches. A cette période, l'action hyposthénisante de l'inhalation s'associe aux effets excitants, tendant par une modification véritablement substitutive, à ramener les inflammations chroniques des bronches à une sorte d'état subaigu.

L'hydrogène sulfuré pénètre dans le sang par osmose : une partie s'empare de l'oxygène des globules pour s'oxyder et passe successivement à l'état d'hyposulfite, de sulfite et de sulfate, pour être éliminée ensuite sous cette forme par le rein.

Une autre partie formerait du sulfure de sodium. Enfin, une troisième partie pourrait s'unir à l'hémoglobine, formant avec elle une combinaison analogue à celle formée avec l'oxyde de carbone.

En dernière analyse, l'absorption de l'hydrogène sulfuré soit par la boisson, soit par l'inhalation, aboutit toujours à une augmentation des sulfates urinaires. L'effet curatif de ces inhalations est la résultante des gaz contenus dans l'eau.

Il est difficile d'en faire le départ exact, mais il est certain que l'acide carbonique et l'azote sont des auxiliaires puissants de l'hydrogène sulfuré dont ils tempèrent l'action. Celui-ci, introduit dans l'organisme soit par la pulvérisation, soit par l'inhalation, pénètre jusqu'au contact des alvéoles pulmonaires : il modifie l'épithélium des bronches en même temps que leur sécrétion.

La toux diminue d'intensité et de fréquence ; les quintes s'atténuent,
l'expectoration devient moins compacte, plus aérée ; sa coloration devient plus
claire ; la dyspnée s'améliore. Il y a là une action de surface en même temps
qu'une action sur le système nerveux. Il est évident que les filets pulmonaires
et cardiaques des nerfs pneumogastriques, en rapport direct avec l'hydrogène
sulfuré et les autres gaz pendant l'inhalation, subissent leur action. Les centres
nerveux également sont impressionnés par l'inhalation. Les phénomènes de
céphalalgie, vertiges, etc., observés chez certains malades qui ont trop prolongé les séances, en sont une preuve manifeste.

Un mot encore sur l'action physiologique de l'inhalation. Il convient de
distinguer les effets de l'inhalation chaude et ceux de l'inhalation froide.

Dans l'inhalation de vapeur, l'action des gaz, notamment de l'hydrogène
sulfuré, est atténuée par suite de la réduction de celui-ci sous l'influence de la
condensation de la vapeur d'eau. On ne ressent pas, en y entrant, l'odeur forte
qui se dégage des inhalations gazeuzes et qui prend à la gorge : la sensation
de serrement des tempes, de céphalalgie n'apparaît pas. C'est pourquoi les
séances peuvent se prolonger même une heure entière, alors que la durée des
inhalations gazeuzes ne saurait dépasser un quart d'heure sans qu'il ne sur-
vienne des phénomènes d'intolérance.

Des indications particulières à l'inhalation gazeuse et à l'inhalation de
vapeurs découlent de leurs effets propres. La toux, sèche, quinteuse, coque-
luchoïde, l'aridité de la gorge et de la trachée, la sensation de cuisson trouvent
un soulagement rapide dans l'inhalation chaude. L'aphonie et les troubles
vocaux qui accompagnent les laryngites aiguës ou subaigues sont améliorés
par cette médication. Les formes chroniques de la bronchite sèche ou catarrhe
bronchique, de l'emphysème, caractérisées par la prédominance des râles
sibilants, la dyspnée simple, la dyspnée asthmiforme, l'asthme, sont beaucoup
mieux soulagés par l'inhalation chaude que par l'inhalation froide. On pourrait
dire que l'inhalation de vapeurs ouvre les bronches, calme leur état spasmo-
dique, et anesthésie en quelque sorte leur surface, en diminuant la contracture
des muscles de Reisscissen. En un mot, toute cette série de malades respire
mieux et y éprouve du bien-être. L'hémoptysie, les crachats hémoptoïques y
trouvent une indication, alors que les inhalations froides ne sauraient leur
convenir.

En résumé, l'inhalation chaude est prescrite dans tous les cas où l'affec-

tion est encore à l'état subaigu, dans les formes où il y a de l'éréthisme, de la tendance aux congestions : elle est sédative.

Elle est souvent prescrite au début du traitement, comme moyen de préparer les malades à l'inhalation froide. Elle est aussi employée alternativement avec l'inhalation froide pour tempérer l'action de cette dernière.

Nous n'entrerons pas dans le détail des autres médications employées à Allevard : boisson, gargarismes, lavage des fosses nasales, douches de gorge, bain de pieds, bain général, douche générale, etc.

Nous croyons utile d'accorder une mention spéciale à la pulvérisation. Celle ci consiste en un appareil composé d'un tube horizontal terminé par un orifice capillaire, en contact immédiat avec un autre orifice capillaire d'un tube vertical plongeant dans l'eau sulfureuse. La vapeur d'eau dégagée par le tube horizontal fait le vide et aspire dans le tube vertical le liquide qu'il contient et le pulvérise en gouttelettes extrêmement fines qu'il projette sur les surfaces malades : la température en est tiède ; la durée varie de 10 à 15 minutes. On en prescrit une, quelquefois deux dans la journée. Elles peuvent remplacer jusqu'à un certain point les inhalations mal tolérées par certains sujets, et sont conseillées dans les états subaigus du pharynx, du larynx, de la trachée et des bronches ; le spray donne au malade une sensation de fraîcheur dans la gorge ; il contribue puissamment à faire cesser la vascularisation de la muqueuse caractérisée par la dilatation des capillaires, qui peut aller jusqu'à de véritables arborisations ou même des varicosités. La pulvérisation relâche moins les tissus que l'inhalation tiède, et ne les stimule pas au même degré que l'inhalation froide.

C'est en raison de cette action douce et émolliente que la douche pulvérisée mérite d'être associée le plus souvent à la douche de gorge, qui agit comme un véritable massage de l'organe. Il est utile de prendre certaines précautions contre les causes de refroidissement après la douche pulvérisée. La pulvérisation trouve aussi son emploi comme adjuvant thérapeutique de l'inhalation et du gargarisme. Elle permet d'instituer toute une médication chez soi, pour remplacer l'inhalation.

USAGE DE L'EAU A DOMICILE

Dupasquier de Lyon avait déjà dit que l'eau sulfureuse d'Allevard constitue un agent thérapeutique parfaitement à la portée des malades qui ne peuvent venir suivre le traitement, et d'une énergie très supérieure à celle de la plupart des eaux minérales de la même classe.

L'eau sulfureuse d'Allevard n'est pas naturellement thermale : sa température au point d'émergence est de 16 degrés environ, quelle que soit d'ailleurs la température extérieure.

Cette circonstance est très favorable à sa conservation et à son transport. En effet, les eaux thermales, transportées, enfermées dans des bouteilles, ne tardent pas à diminuer de volume par l'effet de leur refroidissement ; il en résulte un vide que la pression atmosphérique extérieure remplit bientôt d'une certaine quantité d'air, lequel y pénètre à travers les pores du bouchon. Or, l'air est un agent très énergique de la destruction des eaux sulfureuses.

L'eau d'Allevard ne présente pas cet inconvénient ; enfermée dans des bouteilles bouchées avec soin, elle peut voyager sans éprouver d'altération et se conserver très longtemps.

Transportée, même conservée pendant une année et plus, l'eau reste claire, limpide, et a la même saveur, la même odeur qu'à la source.

Ce fait a été confirmé de nouveau en 1889, par M. Wilhm, professeur de chimie à la Faculté des Sciences de Lille, envoyé en mission à Allevard pour faire une nouvelle analyse de l'eau ; il a constaté que l'eau conservée en bou-

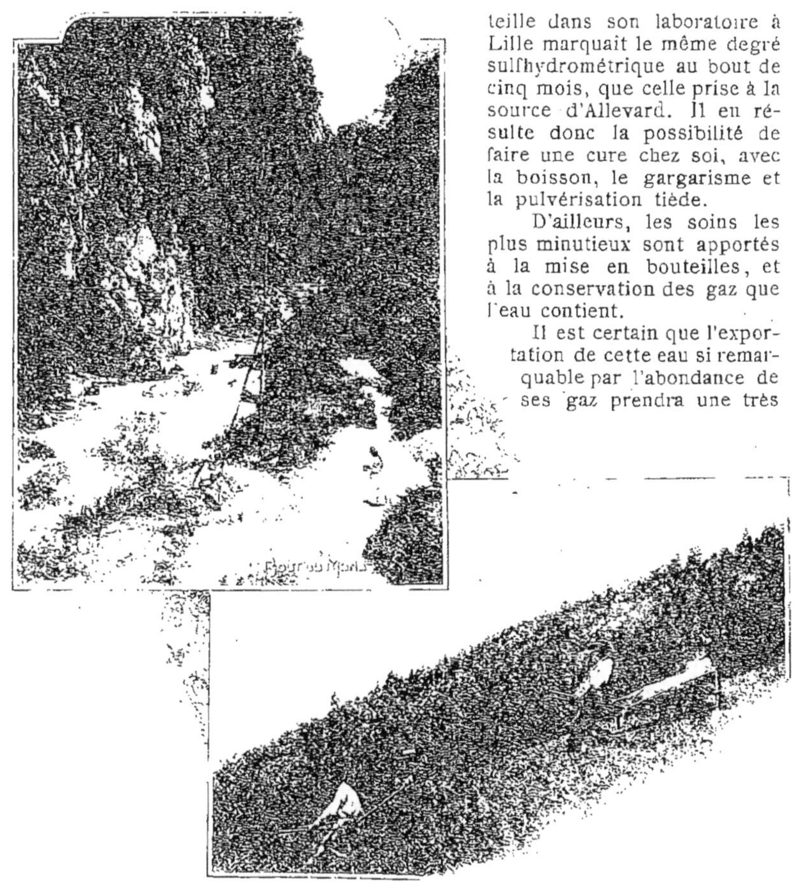

teille dans son laboratoire à Lille marquait le même degré sulfhydrométrique au bout de cinq mois, que celle prise à la source d'Allevard. Il en résulte donc la possibilité de faire une cure chez soi, avec la boisson, le gargarisme et la pulvérisation tiède.

D'ailleurs, les soins les plus minutieux sont apportés à la mise en bouteilles, et à la conservation des gaz que l'eau contient.

Il est certain que l'exportation de cette eau si remarquable par l'abondance de ses gaz prendra une très

grande extension et remplacera très avantageusement la plupart des autres eaux sulfureuses. Ce n'est pas seulement pour l'unique usage de la boisson que cette eau peut-être utile aux malades. L'expérience nous a démontré que, dans les affections chroniques des voies respiratoires, les malades pouvaient employer, avec succès, sous la forme d'inhalation, l'eau transportée en bouteilles. Pour cela, il suffit d'un pulvérisateur ordinaire. Ce moyen simple et facile permet de calmer la toux sèche et pénible des malades atteints de bronchite chronique, ou de laryngite. On ne saurait méconnaître la gravité de ces affections.

Voici, du reste, la formule du traitement à domicile :

1° Un verre d'eau d'Allevard mitigée d'un peu de lait chaud, le matin, au lever.

2° Un gargarisme, tiède, prolongé, véritable bain de gorge, mettant l'eau en contact avec toutes les parties du pharynx et de la bouche.

3° Pulvérisation de 10 à 15 minutes tous les matins, au moyen d'un pulvérisateur à vapeur.

Cette médication doit être poursuivie pendant un mois, au commencement et à la fin de l'hiver.

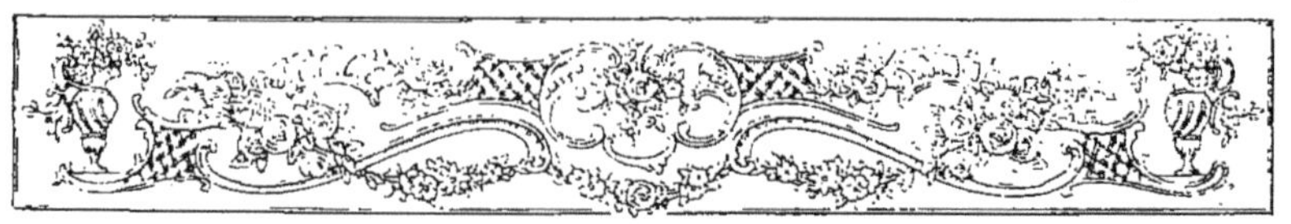

INDICATIONS GÉNÉRALES

L'Arthritisme dans ses rapports avec les affections des voies respiratoires.

'ARTHRITISME est caractérisé par un ralentissement de la nutrition. Les échanges organiques diminuent : les oxydations sont incomplètes ; il en résulte des déchets qui encombrent les tissus et qui sont mal éliminés. Les arthritiques sont des malades sujets à des poussées successives du côté de la peau, comme du côté des bronches ; ils ont de l'acide urique dans les urines, de la lithiase biliaire ou rénale, des troubles gastro-intestinaux par insuffisance hépatique ou rénale.

La médication d'Allevard stimule les diverses fonctions, accélère la nutrition, active les échanges organiques, augmente les oxydations et combustions dans l'intimité des tissus. Elle favorise les émonctoires naturels par la diurèse et la sueur plus abondantes, l'acide urique et les autres déchets organiques, créatine, xanthine, etc., sont éliminés en masse et par décharges successives.

Les sables ou graviers du foie ou des reins sont entraînés au dehors, même chez des malades qui n'en avaient jamais soupçonné la présence. Les manifestations cutanées de l'eczéma alternant avec l'asthme s'améliorent rapidement. En effet, l'arthritisme est lié à l'herpétisme. Nous observons très souvent des arthritiques atteints d'affections cutanées diverses, surtout de l'eczéma. Ce sont des herpétiques. Les malades qui fréquentent Allevard ont des localisations herpétiques sur les muqueuses des voies respiratoires alternant ou coïncidant avec des localisations sur la peau. C'est ainsi que nous voyons des pharyngites, bronchites ou asthmes exister les unes ou les autres sur des sujets atteints d'eczéma. Le soufre a toujours été considéré comme le meilleur remède à opposer à ces manifestations.

Le traitement d'Allevard agit sur ces deux éléments, peau et muqueuses. Les bains, douches, lotions, applications de compresses d'eau sulfureuse sur les parties de la peau qui sont atteintes, en même temps que les pulvérisations, inhalations sur les muqueuses malades, constituent une double médication toujours efficace.

C'était là, du reste, le seul traitement employé à Allevard autrefois, avant que l'analyse de l'eau et la découverte de l'inhalation n'aient spécialisé l'emploi de nos eaux et ouvert une voie nouvelle à la thérapeutique des affections des voies respiratoires. A cette époque, on ne traitait à Allevard et d'une façon tout empirique, que les rhumatismes et les affections de la peau.

Les manifestations ganglionnaires trouvent dans nos eaux une médication spéciale, une indication primordiale. Ce sont surtout les enfants qui présentent ces stigmates et ce sont eux aussi qui retirent le plus grand bénéfice de la cure d'Allevard. Ces maladies générales sont toutes plus ou moins tributaires de nos eaux. lorsqu'il y a en même temps une localisation sur les voies respiratoires. Nous ne saurions entrer dans les détails de chacune d'elles : le diabète, la chlorose. l'anémie, la syphilis se présentent de plus en plus à notre observation. La cure d'Allevard. par la stimulation qu'elle imprime à l'organisme, exerce une action tonique et stimulante, comme le disait Bordeu, à propos des Eaux-Bonnes.

La syphilis est justiciable du traitement sulfureux tant dans ses effets généraux que dans ses accidents locaux. En effet, cette affection débilitante réclame un traitement tonique, et l'eau sulfureuse d'Allevard répond à cette indication. Le traitement réveille certaines manifestations restées à l'état latent. et sert ainsi de pierre de touche. En outre, en favorisant l'élimination du mercure, il en facilite l'administration et la tolérance. Les accidents dus au saturnisme et l'intoxication par l'arsenic. analogues à l'hydrargyrisme, sont améliorés par le traitement sulfureux.

L'âge a ses indications également. L'eau d'Allevard réussit admirablement aux enfants ; ils viennent à Allevard en colonies nombreuses.

Le Docteur J. Simon, ancien médecin de l'hôpital des Enfants-Malades à Paris disait :

« L'inflammation et le catarrhe des voies respiratoires chez les enfants même nerveux, aussi bien que chez les adultes irritables, sont très efficacement amendés et assez souvent guéris par le traitement spécial des eaux d'Allevard. Il en résulte une détente locale et générale que je ne saurais trop mettre en relief. »

Le Docteur Carron de la Carrière, dans un article du *Journal des Praticiens* consacré à Allevard. s'exprime ainsi : « Grâce à une action calmante, sédative, Allevard permet de faire bénéficier d'une cure sulfureuse puissante, toute une catégorie d'enfants qui redouteraient une trop grande excitation à d'autres eaux sulfureuses, tous les nerveux, excitables, facilement congestifs. hystériques même, atteints de l'une des affections des voies respiratoires. Allevard est une des rares stations où l'on peut envoyer avec succès les malades irritables qui ont, le soir, un léger mouvement fébrile, ainsi que les affections pulmonaires à forme éréthique, à tendance congestive, avec toux quinteuse, phénomènes spasmodiques. Pour Allevard, nous désirons faire ressortir, d'une façon toute particulière, ses merveilleuses propriétés. qui lui sont bien

spéciales, *d'eau sulfureuse*, **modificatrice et calmante** tout à la fois dans toutes les affections des voies respiratoires ».

D'autre part, M. le Professeur Landouzy a pu dire que l'eau d'Allevard, grâce à son gaz hydrogène sulfuré, *détient le record parmi les eaux sulfureuses du monde.*

Dans la dernière conférence qu'il a faite à Allevard en 1906, M. Landouzy a dit que la spécialisation d'Allevard est la spécialisation respiratoire.

« Il n'est pas à dire qu'à Allevard on ne puisse faire que ce que j'indique, a-t-il ajouté, mais je veux dire que la spécialisation principale d'Allevard est la spécialisation fonctionnelle respiratoire. Parmi les justiciables d'Allevard, nous pouvons mettre tous les individus qui ont des troubles dans les organes fonctionnels occupant le sommet des voies respiratoires, c'est-à-dire l'appareil nasal, l'appareil pharyngien.

« Sont également justiciables d'Allevard les individus atteints de bronchite chronique, de catarrhe, qu'il s'agisse de catarrhe sec ou de catarrhe sécrétant. J'insiste sur les individus atteints de catarrhe sécrétant, de bronchites catarrhales, parce que ceux-ci sont aussi bien justiciables d'Allevard que ceux qui ont simplement de l'excitation des voies respiratoires.

« Sont aussi justiciables d'Allevard les individus qui ont des suppurations localisées dans l'appareil respiratoire, les individus qui ont des vomiques, les individus qui ont eu des lésions pulmonaires, qui ont eu des catarrhes.

« Ces gens particulièrement sont justiciables de la médication d'Allevard dans tous ses modes, et surtout dans le mode des inhalations froides et inhalations chaudes. Ces deux médications se superposent et font l'association thérapeutique sur laquelle nous insistons ; les malades prennent pendant quelques jours les inhalations chaudes pour passer aux inhalations froides ».

Puis continuant, M. Landouzy ajoute :

« Messieurs, je pourrais vous dire que nous avons vu les uns et les autres de nos malades qui n'en finissaient pas avec ce catarrhe sec dans lequel ils avaient été jetés par des vomiques : nous avons eu la chance d'amener ces malades ici, à Allevard, où ils ont pu se tirer d'un mauvais pas.

« A côté de ces malades qui, heureusement ne sont pas en grand nombre, nous en avons ici une légion qui se trouvent bien du traitement d'Allevard.

« Je fais allusion aux malades atteints de catarrhes à la suite de localisation bronchique. Cette bronchite reste localisée, si localisée qu'on la méconnaît et qu'on traite l'individu pour sa soi-disant bronchite chronique comme s'il n'en était pas par le monde beaucoup moins que l'on n'en décrit. Méfiez-vous de toute bronchite qui dure, lorsque vous ne pouvez pas savoir la cause responsable de cette bronchite : il peut fort bien y avoir de la tuberculose ; et voilà pourquoi nous n'hésitons pas pour notre part à envoyer ici beaucoup d'individus qui ont eu maille à partir avec la germination tuberculeuse, alors qu'il ne s'agit pas de tuberculose, alors que la tuberculose semble rentrée dans le silence. Il suffit que la tuberculose laisse des lésions, pour que les bronches restent en travail de sécrétion.

« Il se produit là le même phénomène que lorsqu'un individu a un cil retourné sous les paupières : cela lui occasionne une conjonctivite : il suffit d'enlever le cil et la conjectivite disparaît.

« Voilà pourquoi, dit, en terminant, l'éminent conférencier, la spécialisation d'Allevard convient parfaitement aux affections secondaires de l'appareil respiratoire ; Allevard est une arme de première force que nous pouvons opposer aux catarrhes secondaires et aux poussées congestives ; c'est une station de première importance dont malheureusement trop de malades auront besoin ».

INDICATIONS SPÉCIALES

Affections du nez. — Coryza chronique, rhinite hypertrophique, rhinite atrophique, rhino et pharyngo-salpyngite.

Affections du pharynx. — Hypertrophie des amygdales, angines chroniques, suites de diphtérie, pharyngite granuleuse, végétations adénoïdes, angines suppurées à répétition, stomatites.

Affections du larynx. — Laryngite chronique simple, laryngites répétition, laryngite striduleuse, spasme de la glotte.

Affections des bronches et des poumons. — Trachéite chronique, susceptibilité bronchique, bronchites à répétition, catarrhe bronchique et emphysème, bronchite sèche, asthme, asthme des foins, suites de rougeole, de coqueluche, de grippe, adénopathie trachéo-bronchique, pneumonie, pleurésie mal résolues.

Affections de la peau. — Eczéma, acné de la face, etc.

Affections de l'oreille. — Otite, otite moyenne, scléreuse.

Affections du vagin et de l'utérus. — Leucorrhée, métrite chronique, métrite du col.

CONTRE-INDICATIONS

L'hydrogène sulfuré, qui est l'élément thérapeutique principal du traitement d'Allevard, est actif, toxique même, à hautes doses : il peut l'être à des doses ordinaires et moyennes dans un certain nombre de maladies, et leur est contraire. Il importe, avant tout, de ne pas nuire aux malades. Un traitement ne doit être ni inutile, ni, à plus forte raison, nuisible. On ne peut pas prescrire le traitement sulfureux dans certaines maladies. Il en résulte donc des contre-indications. Il y a deux sortes de contre-indications : les unes *formelles*, les autres *relatives*.

CONTRE-INDICATIONS FORMELLES

Toutes les maladies aiguës ou fébriles, ou *les périodes aiguës* des maladies chroniques, surtout respiratoires. Le soufre est un excitant, incompatible avec la fièvre.

Les affections des centres nerveux ou de la moelle, la prédisposition aux hémorrhagies, à la congestion, à l'apoplexie cérébrales.

Les maladies du cœur à la période d'asystolie, aortite, myocardite, endocardite, péricardite; angine de poitrine, artèrio-sclérose.

Les maladies des reins, néphrite, albuminurie.

Les maladies du foie, hépatite, congestion, cirrhose, ascite. Les maladies générales, le cancer, le diabète à période avancée.

CONTRE-INDICATIONS RELATIVES

Les contre-indications que nous venons de formuler dans l'emploi du traitement, pour un certain nombre de maladies, sont absolues. Mais, parmi ces affections, il est des symptômes, des périodes qui n'excluent pas le traitement sulfureux et qui peuvent en bénéficier. Ce sont les contre-indications relatives.

La lithiase hépathique, la lithiase rénale ne sont pas incompatibles avec le traitement. Celui-ci favorise l'expulsion des sables ou calculs.

Les troubles gastro-intestinaux, la diarrhée, dans la tuberculose, ne sont une contre-indication que si le malade est en pleine cachexie.

La fièvre des bronchitiques, si elle est due à une poussée congestive récente, et si elle n'atteint que deux ou trois dixièmes de degré.

Les sueurs observées dans la tuberculose quand le malade n'est pas dans la période de cachexie.

Les hémoptysies, lorsqu'elles ne sont ni importantes, ni fréquentes. Les névropathies, suivant l'intensité et la fréquence de leurs crises.

La céphalalgie, le vertige, dans la mesure de la tolérance des inhalations, ainsi que les autres troubles nerveux qui tiennent à l'absorption de l'hydrogène sulfuré.

Nous ne voulons pas insister plus longuement sur ce sujet. Les contre-indications sont souvent subjectives et variables, sans qu'on puisse en trouver la raison.

VOIES D'ACCÈS A ALLEVARD

Compagnie des Chemins de Fer P.-L.-M.

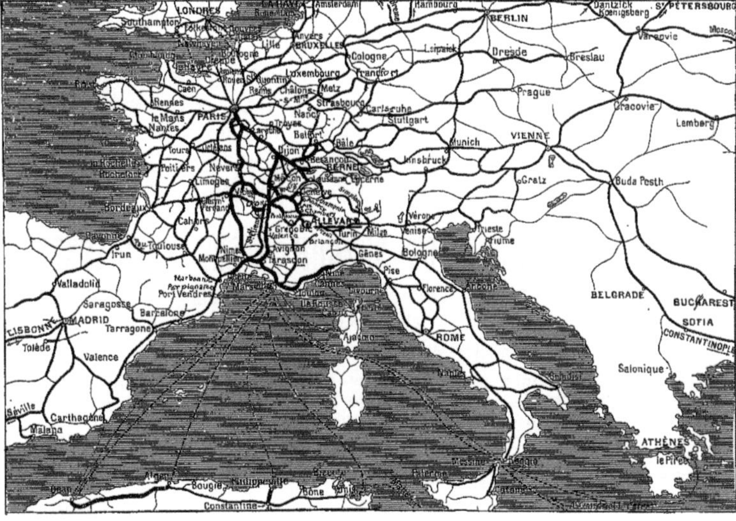

A 9 heures de Paris.
A 4 heures de Lyon.
A 8 heures de Marseille.
A 5 heures de Genève.
A 19 heures de Bordeaux.

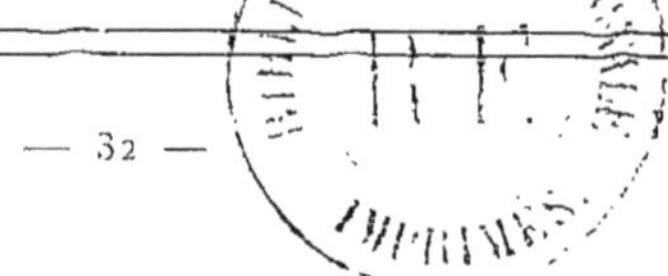